Bibliografische Information der Deutschen Nationalbibliothek:

Die Deutsche Bibliothek verzeichnet diese Publikation in der Deutschen National-
bibliografie; detaillierte bibliografische Daten sind im Internet über http://dnb.d-
nb.de/ abrufbar.

Impressum:

Copyright © 2017 GRIN Verlag, Open Publishing GmbH
Druck und Bindung: Books on Demand GmbH, Norderstedt Germany
ISBN: 9783668428980

Bernd Hofmann

Saumtier, Ochsenkarren oder Pferdewagen?

Ein Verfahren zur Bestimmung von Fahrzeug-Spurweiten in Muldenhohlwegen von Altstraßen

GRIN Verlag

Saumtier, Ochsenkarren oder Pferdewagen?

Ein Verfahren zur Bestimmung von Fahrzeug-Spurweiten in Muldenhohlwegen von Altstraßen

von Bernd Hofmann

Inhalt

Saumtier, Ochsenkarren oder Pferdewagen?

Ein Verfahren zur Bestimmung von Fahrzeug-Spurweiten in Muldenhohlwegen von Altstraßen

von Bernd Hofmann, Dresden

1. Saumtiere und Saumpfade

Der Transport von Waren mit Saumtieren ist durch Felszeichnungen bei Carschenna über den Splügenpass (2115mNN) an der Grenze zwischen der Schweiz und Italien bereits seit etwa 1000 v. Chr. belegt. Spätestens in römischer Zeit entstanden mit Reschenpass, Malojapass, Septimerpass und Julierpass karrentaugliche Wege über die Alpen. Nach dem Niedergang des Handels zur Zeit der Völkerwanderung etablierte sich seit dem Mittelalter das Saumwesen neu, vor allem in den europäischen Gebirgsregionen[1]. Sogar bis in die frühe Neuzeit wurde dort der Lastentransport noch teilweise mit Tragtieren abgewickelt. Hierfür wurden besonders im südlichen Europa häufig *Maultiere (Mulis)* eingesetzt. Mulis sind ein Kreuzungsprodukt eines Eselhengstes mit einer Pferdestute. Sie sind relativ einfach zu züchten und wurden anfangs gegenüber Pferden aufgrund ihrer größeren Ausdauer und Unempfindlichkeit bevorzugt[2]. Nördlich der Alpen wurden dagegen zunehmend Pferde als Tragtiere eingesetzt, da sie größere Lasten tragen konnten. Eine Pferdelast betrug, regional unterschiedlich, etwa 120 kg bis 130 kg und wurde *Saum* genannt. Das Transportgut wurde mit Packsätteln auf den Tieren befestigt. Ein sog. *Saumzug* bestand aus einem oder mehreren *Saumtieren*, die hintereinander auf dem *Saumpfad* gingen, siehe **Bild 1**[3]. Ein Saumpfad ist in der Regel eine für Wagen oder Gespanne zu steile, zu schmale oder zu unwegsame Altstraße, meist im Gebirge. Oft wird nur das erste Tier von einem Führer geführt, die weiteren Tiere laufen angebunden oder frei hinterher[4]. Wie **Bild 1** zeigt, haben deshalb auch Saumpfade teilweise Hohlwegabschnitte im Gelände hinterlassen. Diese sind aber in der Regel deutlich schmaler und teilweise auch steiler als Hohlwege, die von Fahrzeugen stammen.

---

[1] https://de.wikipedia.org/wiki/Saumpfad, gelesen 07.02.2017
[2] http://de.wikipedia.org/wiki/Maultier, gelesen 21.02.2015
[3] Andreska, Jiři: Šumavské solné stezky,1994, ISBN 80-85285-55-X
[4] https://de.wikipedia.org/wiki/Saumpfad, gelesen 07.02.2017

Bild 1:
Saumtier-Karawane auf einem Hohlweg des „Goldenen Steiges" über den Böhmer-
wald (Rekonstruktion)

2. Einachsige und zweiachsige Fahrzeuge: Karren und Wagen

Für die zeitliche und funktionelle Einordnung von Altstraßen ist es wünschenswert,
die Spurweite der einstmals auf diesen Straßen verkehrenden Karren oder Wagen zu
kennen. Als *Karren* werden in der Regel *einachsige* Fahrzeuge bezeichnet, die von
Maultieren, Ochsen oder Pferden gezogen wurden (**Bild 2**)[5]. Im Unterschied dazu
sollen *zweiachsige* Fahrzeuge, die meist mit Ochsen oder Pferden bespannt wurden,
Wagen genannt werden (**Bild 3**)[6].

Ungeachtet der Jahrhunderte und manchmal sogar Jahrtausende, die seit der Nutzung alter Verkehrswege vergangen sind, haben sich deren Relikte zumindest in
Teilstücken erstaunlich oft bis heute erhalten. Diese Altstraßenrelikte treten uns in
unterschiedlicher Gestalt entgegen. In Mitteleuropa finden sich besonders häufig
sog. Muldenhohlwege, die in der Regel in sandig-grusig-humosen Untergründen auf-
treten, vor allem in Hanglagen alter Wälder. Sie wurden je nach Nutzungsart und

---

[5] Schramm A., Möller Maria [Hrsg.]: Der Bilderschmuck der Frühdrucke (Band 2): Die Drucke von
Guenther Zainer in Augsburg, Leipzig 1920 (Quelle: http://digi.ub.uni-
heidelberg.de/diglit/schramm1920ga, Abb. 174; die Biene soll ein Symbol für die Fähigkeit des Esels
sein, seinen Weg ohne den Kutscher zu finden)
[6] Fahrt der Hl. Elisabeth von Ungarn zur Wartburg. Darstellung auf einem Tafelbild am Lettner des
Heilig-Geist-Hospitals zu Lübeck (um 1430), vgl. Bauer H.: Wenn einer eine Reise tat. Verlag Köhler &
Amelang, Leipzig 1973 (2. Aufl.), Abb.6, S.31

Bild 2:
Eselskarren (ca. 15. Jh.)

-zeitraum sowohl von Saumtieren als auch von einachsigen Karren oder zweiachsigen Wagen hinterlassen, allerdings in unterschiedlicher Breite, Tiefe und Steigung bzw. Gefälle (**Bild 4**). Aus diesen Parametern kann unter günstigen Umständen sowohl auf die Nutzungsart als auch auf den Nutzungszeitraum geschlossen werden (**Bild 5**). Während im hohen Mittelalter und früher der Fuhrwerkslenker meist auf einem der Zugtiere oder auf dem Fahrzeug selbst saß und weitere Personen nicht neben dem Fuhrwerk gingen, mussten spätestens im

Bild 3:
„Reisewagen der Hl. Elisabeth" auf ihrer Fahrt von Ungarn nach Thüringen (Darstellung um 1430, Lübeck)

Zuge der verbindlichen Wieder-Einführung des Geleitswesens im Heiligen Römischen Reich gegen Ende des 15. Jahrhundert durch Kaiser Maximilian I. unter Umständen Geleitspersonen vor, hinter und ggf. neben den Fuhrwerken für deren

Bild 4:
Typisches Profil einer mittelalterlichen Straße: Muldenhohlweg
(hier: bei Rechenberg, Osterzgeb.)

Sicherheit sorgen[7]. Da die alten Hohlwege diesen neuen Anforderungen meist nicht mehr genügten, wurden sie oft künstlich verbreitert, wodurch sie ein trapezförmiges Profil erhielten (**Bild 6**). In morastigen Geländeabschnitten wurden seit alters her

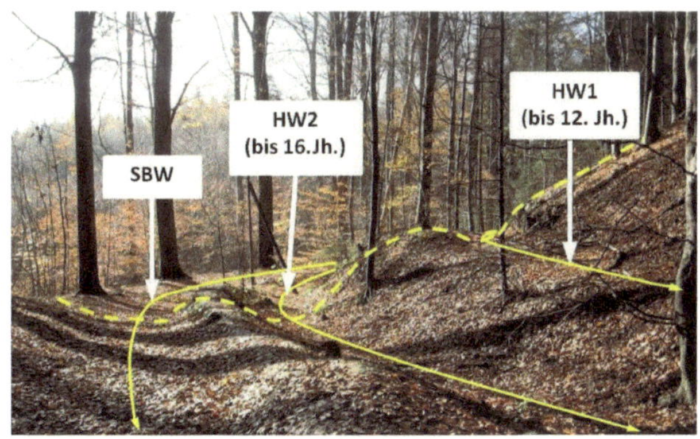

Bild 5:
Muldenhohlwege (HW) im Basteiwald in Höhe „Kleiner Thümelshübel"
(Trasse Burg Wehlen – Steinerner Tisch, SBW - Schwarzbergweg)

---

[7] Allgemeines Real-Wörterbuch aller Künste und Wissenschaften, Bd. XI, Frankfurt/M. 1786, S. 593, Stichwort "Geleit"

Bild 6:
Trapezförmiger oder Kasten-Hohlweg - das typische Profil einer Geleitsstraße
(hier bei Holzhau, Osterzgeb., nach Info von V. Geupel)

auch Bohlenwege bzw. Knüppeldämme angelegt, in denen sich zusammengehörige Spurrillen der einstmals darin verkehrenden Fahrzeuge allerdings nur selten erhalten haben. In felsigem Gelände finden sich dagegen manchmal gut erhaltene

Bild 7:
Geleise der sog. Römerstraße „Via Raetia" bei Klais/Obb.,
2.-3. Jh. n.Chr. (?, feste Spurweite, ca. 107cm)

geleiseartige Hohlwegabschnitte, deren Spurrillen oft künstlich nachgearbeitet wurden. Dort kann deren Spurweite vergleichsweise einfach bestimmt werden, wenn die Spurrillen offen zu Tage liegen und gut ausgeprägt sind. **Bild 7** zeigt ein Teilstück der sog. Römerstraße bei Klais in Oberbayern, eines wahrscheinlich auf die vorrömisch-keltische Besiedelung der Alpen zurückzuführenden Altstraßen-abschnittes, dessen Spurrillen im anstehenden Kalkstein über ca. 300m erhalten sind[8]. Wie Messungen des Verfassers zeigten, war die Spurweite, von Mitte zu Mitte der Spurrillen ermittelt, nahezu konstant: Sie schwankt auf einer untersuchten Streckenlänge von ca. 100m zwischen 102 und 109 cm, also nur um etwa ±3,5cm bzw. ±3,3% ! Diese Schwankungen der Spurweite konnten leicht durch die Spurrillen-breite, die in Klais vom Verfasser zu durchweg 10cm gemessen wurde, ausgeglichen werden. Sie war deutlich größer als die zu vermutende Radreifenbreite, die zumindest für die Römerzeit mit etwa ½ Handbreite = ½ Palm = 3,7cm anzusetzen ist (s.u.). Größere Schwankungen der Spurweite waren nicht ratsam, da sie bei den Fahrzeugen durch das Lagerspiel und die Elastizität der Achsen und Räder ausgeglichen werden mussten. Dies konnte zu Überbeanspruchungen dieser Konstruktionsteile bis hin zu Rad- und/oder Achsenbrüchen führen. Es liegt auf der Hand, dass derartige Vorfälle ebenso wie heute den Verkehrsfluss in den ohnehin meist "einspurigen" Hohlwegen empfindlich gestört hätten.

3. Das Palm als Grundmaß des Verkehrswesens der Antike [9]

Wesentlich ist die Erkenntnis, dass frühere Handwerker die Spurweite der Karren von Innenkant zu Innenkant der Räder gemessen haben. Diese Innenkant-Weite ist um eine Reifenbreite R (anschaulich um zwei Hälften davon) kleiner als die von Mitte zu Mitte der Radreifen zu messende Spurweite S der Fahrzeuge. Nimmt man an, das Innenkantmaß betrage ein n-faches einer zur Bauzeit gültigen Masseinheit E (mit n = ganze Zahl), so gilt

$$S = n \times E + R .$$

Die Beobachtung zeigt, dass in der Antike für E ein Palm einzusetzen ist: ein Palm = 1/4 des sog. römischen Fußes von 29,6 cm, d.h.

$$E = 29,6/4 \text{ cm} = 7,4 \text{ cm} = 1 \text{ Palm.}$$

Der sog. römische Fuß von 29,6 cm geht auf weit ältere Maßsysteme früherer Kulturen zurück. Beispielsweise hatte er denselben Wert wie der altgriechische attisch-

[8] Schwarz P.: Der Verlauf der Rottstraße durch die Grafschaft Werdenfels. In: Grafschaft Werdenfels 1294-1802. Garmisch-Partenkirchen 1994, S. 87. ISBN 3-9803980-0-5
[9] Brunner G.O.: Karrengeleise-ausgefahren oder handgemacht, antik oder neuzeitlich? Bündner Monatsblatt 4 (1999) S. 243-263) / gekürzte Fassung: Helvetia Archaeologica 30 (1999) S. 31- 41)

ionische Fuß und der noch ältere altägyptische sog. Nippurfuß[10,11]. Deshalb war auch das Palm vermutlich bereits vor der römischen Antike bis ins hohe Mittelalter ein jederzeit reproduzierbares Grundmaß, da es etwa der Breite einer Hand (ohne Daumen!) der damaligen männlichen Bevölkerung entsprach.

Die Breite R römischer Radreifen betrug etwas mehr als 3 cm breit (nach W. DRACK[12]), was mit den engsten beobachteten Rinnen zusammen passt. Man kann annehmen, dass auch die Reifenbreite R vom römischen Fuß abgeleitet worden war, und zwar sehr wahrscheinlich zu

$$R = 1/8 \text{ Fuss} = 3{,}7 \text{ cm} = 1/2 \text{ Palm}$$

Mit den genannten Zahlen ergeben sich für römisch-vorrömische Spurweiten

$$S = (n \times 7{,}4 + 3{,}7) \text{ cm}$$

Für ausgewählte Werte für n ergeben sich folgende Abmessungen für die Spurweite S (Palmi-Tabelle):

n	12	13	14	15	16	17	18	19
S (cm)	92	100	107	115	122	129	137	144

Bei der Vermessung von alten Hohlwegen bzw. erhalten gebliebener Spurrillen durch unterschiedliche Autoren zeigte es sich, dass die vorherrschenden Spurweiten S tatsächlich zumindest in weiten Bereichen Mitteleuropas mit ausgewählten Werten n der Palmi-Tabelle etwa übereinstimmen. So scheinen für einachsige Karren von der Antike bis in die frühe Neuzeit mit einigen zeitlichen Unterbrechungen Spurweiten S von etwa 107 cm typisch gewesen zu sein (n=14)[13], für zweiachsige Wagen in der römischen Antike, im Spätmittelalter bis in die Neuzeit dagegen die größeren Spurweiten von etwa 137 bzw. 144cm (n=18,19), vgl. **Tafel 1**. Die von unterschiedlichen Autoren gemessenen realen Spurweiten 136 und 140 cm weichen allerdings von den (theoretischen) Werten der Palmi-Tabelle um bis zu 4 cm ab. Als Ursache

---

[10]https://de.wikipedia.org/wiki/Vormetrische_L%C3%A4ngenma%C3%9Fe#Die_ersten_sechs_Fu.C3.9Fma.C3.9Fe, gelesen 15.03.2017

[11] https://de.wikipedia.org/wiki/Alte_Ma%C3%9Fe_und_Gewichte_(Antike)#L.C3.A4ngen_2, gelesen 15.03.2017

[12]Drack W., Fellmann R.: Die Schweiz zur Römerzeit. Führer zu den Denkmälern. Artemis, Zürich und München 1991, ISBN 3-7608-1045-4.

[13]Nach G.O. BRUNNER (s.o.) war im Alpenraum seit und wahrscheinlich auch vor der Römerzeit eine Spurweite etwa von 107 cm weit verbreitet

Zeitraum	Spurweite S (cm)	Gebiet	Bemerkungen	
500 v.Chr.	130	Mitteleuropa	Eisenzeit (keltisch)	
500 v.Chr. (?)	130	Älteres Griechenland	Geleise, in felsigen Untergrund tw. sorgfältig eingearbeitet	
(0–400) n.Chr.(?)	115-140-145	Röm. Kaiserreich	·	Römische Norm: 140 cm Trotz Norm große Schwankungen
(100–300) n.Chr.	107	Alpenraum, Oberinntal	·	Oft Geleise, z.B. Klais
Mittelalter bis Frühe Neuzeit	100 (107?)	Alpenraum (Fernpaß, Brenner, Villacher Raum)	· ·	Rottstraßen Mittelalter Gemeint sein könnte 107 cm - Innenmessung?
1900 n.Chr.	85-136-166	Deutschland	·	Dominanz bei 136 cm (Innenmaß?)
1800-1930 n.Chr.	120	Sachsen	· ·	Bauernwagen sog. „sächsische Spurweite"
12.-14.Jh. (?) (10.-12.Jh. Säumerei?) 14.-18.Jh. (?)	ca. 107 (Karren?) ca. 140 (Wagen?)	Ferntrassen im Osterzgebirge und im Raum Dresden; in Sächs. Schweiz derzeit unsicher	·	Eigene Messungen unter Verwendung eines „Hohlwegmodells für Muldenhohlwege"

Tafel 1:
Häufige Spurweiten von Karren und/oder Wagen in Mittel- und Südeuropa

hierfür sind sowohl unterschiedliche Spurweiten-Definitionen[14] als auch Meßfehler anzunehmen. Da die Abweichungen nur wenige Prozent betragen, kann festgestellt werden, dass die "Treffer-Quote" der gemessenen Spurweiten in Bezug auf die "Palmi-Tabelle" erstaunlich hoch ist und kaum ein Zufall sein dürfte. Die Zugrundelegung der Palmi-Tabelle für die Ausgestaltung von Fahrzeugen und Verkehrswegen von der Antike bis in die frühe Neuzeit kann also als frühe Art einer über Regionen und Zeitepochen wirksamen "Standardisierung" angesehen werden.

Allerdings kann nicht davon ausgegangen werden, dass diese frühe Art der "Standardisierung" überall und zu allen Zeiten gleichermaßen bekannt war und zur Anwendung kam. Besonders bei weiten Reisen mussten "Reiseplaner" damit rechnen, dass ihre Wagen im Verlauf der Reise Wege zu befahren hatten, in denen unterschiedliche Spurweiten der Spurrillen anzutreffen waren. Demzufolge wäre es sinnvoll gewesen, wenn die Reisewagen so konstruiert gewesen wären, dass die Spurweiten ihrer Achsen veränderbar waren. Eine solche konstruktive Gestaltung war

---

[14] z.B. Messung der Spurweite von Innenkante zu Innenkante anstelle von Mitte zu Mitte der Radreifen

dann relativ einfach zu realisieren, wenn die Räder auf die Achsstümpfe von mit dem Wagenchassis bzw. dem Drehschemel (bei lenkbaren Achsen) fest verbundenen Achsen aufsteckbar waren. Diese Wagenkonstruktion mit festen Achsstümpfen und aufsteckbaren Rädern war seit dem Altertum bekannt[15]. Obgleich bei mittelalterlichen Abbildungen in der Regel weniger auf technologische als auf künstlerische Details Wert gelegt worden ist, deutet das Bild des Reisewagens, den die Prinzessin Elisabeth (1207-1231) auf ihrer Hochzeitsreise von Ungarn nach Thüringen benutzt haben soll (**Bild 3**) darauf hin, dass die Räder auf den Achsstümpfen verschiebbar waren und sich auf diese Weise auf unterschiedliche Spurweiten der Spurrillen von Wegen selbsttätig einstellen konnten.

4. Profilmodell für Muldenhohlwege[16]

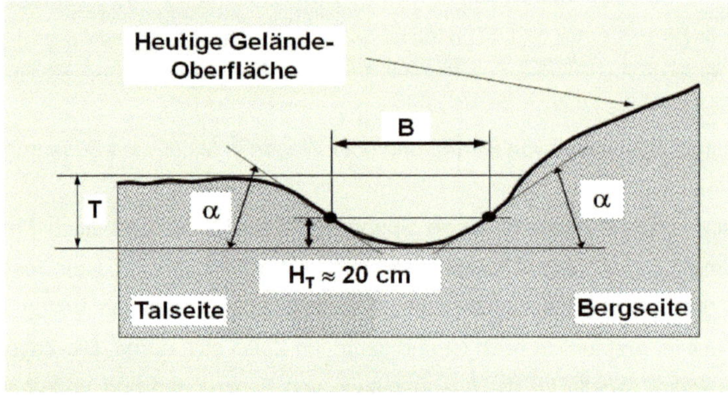

Bild 8:
Vorschlag des Autors zur Messung von Profilbreite B und Profiltiefe T eines Muldenhohlweges (Profilmodell)

Leider sind Felsabschnitte bei Hohlwegen im Mittelgebirgsraum eher selten. Hier dominieren Muldenhohlwege, die in sandig-kiesig-grusig-humose Böden eingetieft sind, ohne noch heute sichtbare Spurrillen hinterlassen zu haben. Selbst durch aufwendige Ausgrabungen ist es meist nicht möglich, in Muldenhohlwegen das ur-

---

[15] https://de.wikipedia.org/wiki/Wagen, gelesen 01.03.2017
[16] Hofmann, B.: Altstraßen von Dresden ins böhmische Becken - Über Untersuchungen zu Altstraßen von Dresden nach dem böhmischen Becken bei Teplice zwischen Roter Weißeritz und Müglitz. In: Sächs. Heimatblätter, 54. Jg./2008, H. 1, S. 15-30. Verlag Klaus Gumnior, Chemnitz.

sprüngliche Geleise, geschweige denn dessen Abmessungen zu ermitteln[17]. Um trotzdem Aussagen über Spurrillen und Spurweiten von Muldenhohlwegen treffen zu können, müssen zunächst praxistaugliche Kriterien für die Bewertung von Muldenhohlweg-Profilen geschaffen werden. Ausgegangen wird von charakteristischen Parametern von Muldenhohlwegen, die an den heute noch vorhandenen Profilen bei der Geländearbeit ohne größere Schwierigkeiten gemessen werden können.

Betrachtet wird der allgemeine Fall eines asymmetrischen Hohlwegprofils, wie es sich oft an Hohlwegen herausgebildet hat, die an Talflanken ansteigen (**Bild 8)**. Der wichtigste Hohlwegparameter ist die Profilbreite B. Vom Verfasser wird vorgeschlagen, B in einer Höhe von etwa H_T = 20cm über dem erkenn- bzw. fühlbaren tiefsten Punkt des erhaltenen Profils zu messen. Erfahrungen des Verfassers zeigten, dass bei vielen Hohlwegen die Neigung des Hohlwegprofils (nicht des Hohlweges!) in dieser Höhe ca. 30 Winkelgrade ($\alpha \approx 30°$) beträgt und etwa in dieser Höhe auf die ursprüngliche Profilbreite am sichersten geschlossen werden kann.

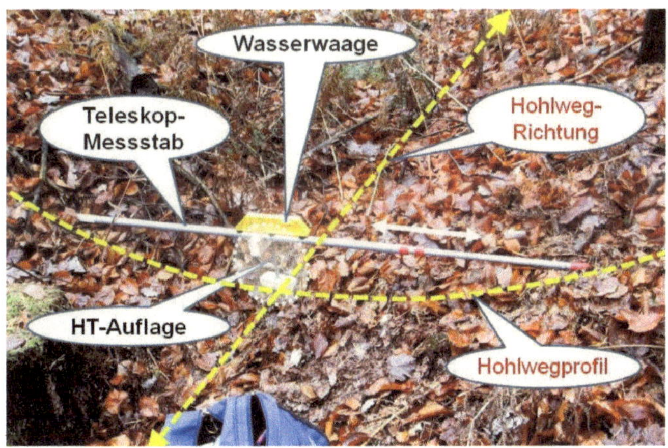

Bild 9:
Messeinrichtung zur Bestimmung der Hohlwegbreite B

Eine vom Verfasser entwickelte einfache, geländetaugliche Messeinrichtung für die Messung der Hohlwegbreite B zeigt **Bild 9.** Das erhaltene Hohlwegprofil ist durch gelbe Strichlinien in idealisierter Form angedeutet. Der Breiten-Messstab ist teleskopartig ausziehbar und mit einem kalibrierten metrischen Maßstab versehen, der

---

[17] Denecke D.: Methodische Untersuchungen zur historisch-geographischen Wegeforschung im Raum zwischen Solling und Harz. Göttinger Geographische Abhandlungen, H. 54. Verlag Erich Goltze KG, Göttingen 1969.

eine direkte Ablesung der Hohlwegbreite B in cm ermöglicht. Dazu wird der Mess-stab so weit auseinandergezogen, dass er die Hohlwegflanken berührt. Die Messhö-he H_T von etwa 20cm wird durch die sog. HT-Auflage gewährleistet, die in der Mitte des Hohlweges in den weichen Untergrund gedrückt wird, bis ihr definierter Begren-zungsanschlag auf dem Hohlwegboden aufsitzt. Mit der Wasserwaage ist stets eine reproduzierbare horizontale Lage des Breiten-Messstabes erreichbar. Vor dem An-setzen der Breiten-Messeinrichtung ist es erforderlich, das Hohlwegprofil an den Messpunkten von losen Bestandteilen wie Zweigen, Ästen und losem Laub zu be-freien, ohne die Humusschicht zu beschädigen.

5. Von der Profilbreite der Hohlwege zur Spurweite der Fahrzeuge

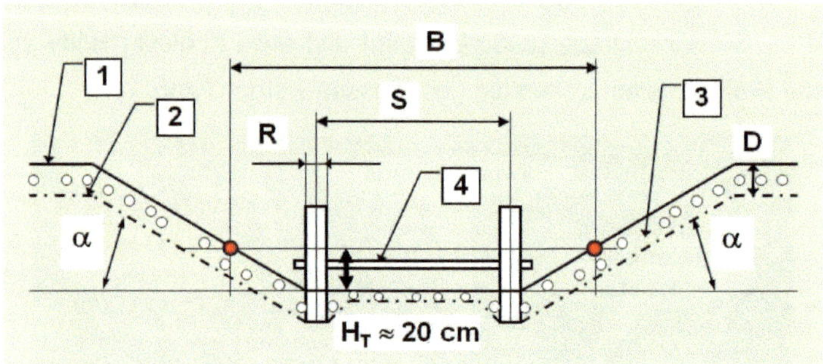

Bild 10:
Wagen oder Karren im Muldenhohlweg
(idealisiertes Hohlwegmodell zur Bestimmung der Spurweite)
1 - heutige Geländeoberfläche, 2 – ursprüngliche Geländeoberfläche,
3 – Humusschicht, 4 – Wagenachse mit Rädern,
B – heute messbare Profilbreite in einer Höhe $H_T \approx 20$ cm über heutigem Grund,
D –heutige Dicke der Humusschicht, R – Rad-(Felgen-)Breite,
S – Spurweite des Wagens: $S \approx B - 73$ cm

Um von der Profilbreite B der Hohlwege auf die Spurweite der Fahrzeuge schließen zu können, muss zunächst ein Muldenhohlweg in idealisierter Form angenommen werden. Aus der in der Skizze in **Bild 10** dargestellten idealisierten Geometrie lässt sich folgende Beziehung zwischen der Spurweite S des seinerzeitigen Karrens oder Wagens und der am erhaltenen Hohlweg gemäß **Bild 8** durch Messung im Gelände ermittelten Hohlwegbreite B ableiten:

$$S = B - (R + 2\,H_T / \tan \alpha)$$

In dieser Formel gelten die teilweise bereits genannten idealisierten Annahmen (**Bild 10**):

- Erstens wird die Profilbreite B in einer Höhe von $H_T \approx 20$ cm gemessen, wobei der Neigungswinkel des Hohlwegprofils (nicht des Hohlweges!) in *dieser* Höhe etwa $\alpha \approx 30°$ beträgt, d.h. $\tan \alpha \approx 0,577$.

- Zweitens wird für die Radbreite (Felgenbreite) etwa $R \approx$ ½ Palm = 3,7cm angenommen (s.o.).

- Drittens sei die Dicke D der im Laufe der Zeit entstandenen Humusschicht in senkrechter Richtung, abgesehen vom Raum zwischen den Spurrillen der Räder, über den gesamten Hohlwegquerschnitt konstant. In diesem Falle hat die Dicke der Humusschicht D keinen Einfluss auf die Berechnung der Spurweite S aus der gemessenen Profilbreite B.

Hieraus folgt:

$$S = B - (3,7cm + 2 \times 20cm / 0,577)$$

d.h.   **$S \approx B - 73$ cm**

Unter Verwendung dieser Formel kann der näherungsweise Zusammenhang zwischen der heute messbaren Profilbreite B und der Spurweite S der einstmals im Hohlweg verkehrenden Wagen für einige typische Wertepaare wie folgt angegeben werden:

B / cm	$\approx$170	$\approx$**180**	$\approx$190	$\approx$195	$\approx$200	$\approx$**210**	$\approx$ 215	$\approx$220
S / cm	97	**107**	117	122	127	**137**	142	147

Demnach entspricht einer gemessenen Hohlwegbreite von beispielsweise B≈180cm der "standardisierten" Spurweite S=107cm, und B≈210cm entsprechend S=137cm.

Es muss betont werden, dass die Darstellung des Hohlwegquerschnittes in **Bild 10** idealisiert und schematisiert ist, um ein handhabbares mathematisch-geometrisches Modell entwerfen und darstellen zu können. Das bedeutet, dass insbesondere die beiderseitigen Neigungen des Hohlwegprofils von $\alpha \approx 30°$ nur für die Höhe $H_T \approx 20$cm gelten. Bei realen Hohlwegen können in anderen Höhen andere Profilwinkel beobachtet werden, was jedoch keinen wesentlichen Einfluss auf die nach obiger Formel errechneten Spurweiten hat.

6. Im Freistaat Sachsen an realen Hohlwegen ermittelte Spurweiten

An einigen gut ausgeprägten Altstraßen-Trassen im Dresdner Raum, in der "Sächsischen Schweiz" sowie im Osterzgebirge konnten die für die Bewertung einer Altstraße wichtigen Parameter Hohlwegbreite B, Hohlwegtiefe T, maximale Hohlwegneigung N_{max} (Steigung bzw. Gefälle) an unterschiedlichen Messorten ermittelt werden. Hierzu wurden die in den vorangegangenen Abschnitten erläuterten "Werkzeuge", also die vom Verfasser entwickelte geländetaugliche Messeinrichtung gemäß **Bild 9** sowie das vorgeschlagene mathematisch-geometrische Hohlweg-Modell gemäß **Bild 10** mit der daraus abgeleiteten Formel **S ≈ B-73 cm** zur Berechnung der Spurweite S der einstmals in den Hohlwegen verkehrenden Fahrzeuge aus der gemessenen Hohlwegbreite B benutzt. In **Bild 11** sind die an 57 Hohlwegabschnitten in Dresden-Pillnitz, in der Dresdner Heide, im Basteigebiet, einem Gebiet der Gemeinde Gohrisch (beide im Landkreis Sächsische Schweiz/Osterzgebirge) sowie der Altstraßentrassen Dresden-Teplice (ČR) und Frauenstein-Hrob (ČR)-Osek (ČR) ermittelten prozentualen Anteile unterschiedlicher Spurweiten S in diesen Gebieten grafisch dargestellt. Hierzu wurden fünf Bereiche von Spurweiten S festgelegt, aus denen die anzunehmende "Norm-Spurweite", die zu vermutende Traktionsart und die Nutzungsperiode abgeschätzt werden können (**Bild 12**). So entspricht beispielsweise der in den Hohlwegabschnitten aus deren Breite B ermittelte Spurweitenbereich von 100 bis 120 cm der "Normspurweite" S=107cm, der Spurweitenbereich von 120 bis 150 cm der "Normspurweite" S=137cm usw.

Ergebnisse:

Aus **Bild 11** (oben links) und **Bild 12** geht hervor, dass die in Dresden-Pillnitz an ein- und demselben Hohlweg untersuchten beiden Hohlwegabschnitte der "Normspurweite" S=107cm zugeordnet werden können. Dies deutet auf eine Nutzung des Hohlweges durch einachsige Karren im Zeitraum von 900-1200 n. Chr. hin. Dieser Hohlweg begleitet eine prähistorische Burganlage (das sog. Kanapee), die zwar während der Spätbronzezeit (um 1000 v.Chr.) errichtet worden ist, aber in spätslawischfrühdeutscher Zeit (8.-10. Jh. n. Chr) reaktiviert wurde[18]. Der Hohlweg ist somit in seiner noch heute deutlich ausgeprägten Form der letzteren Epoche

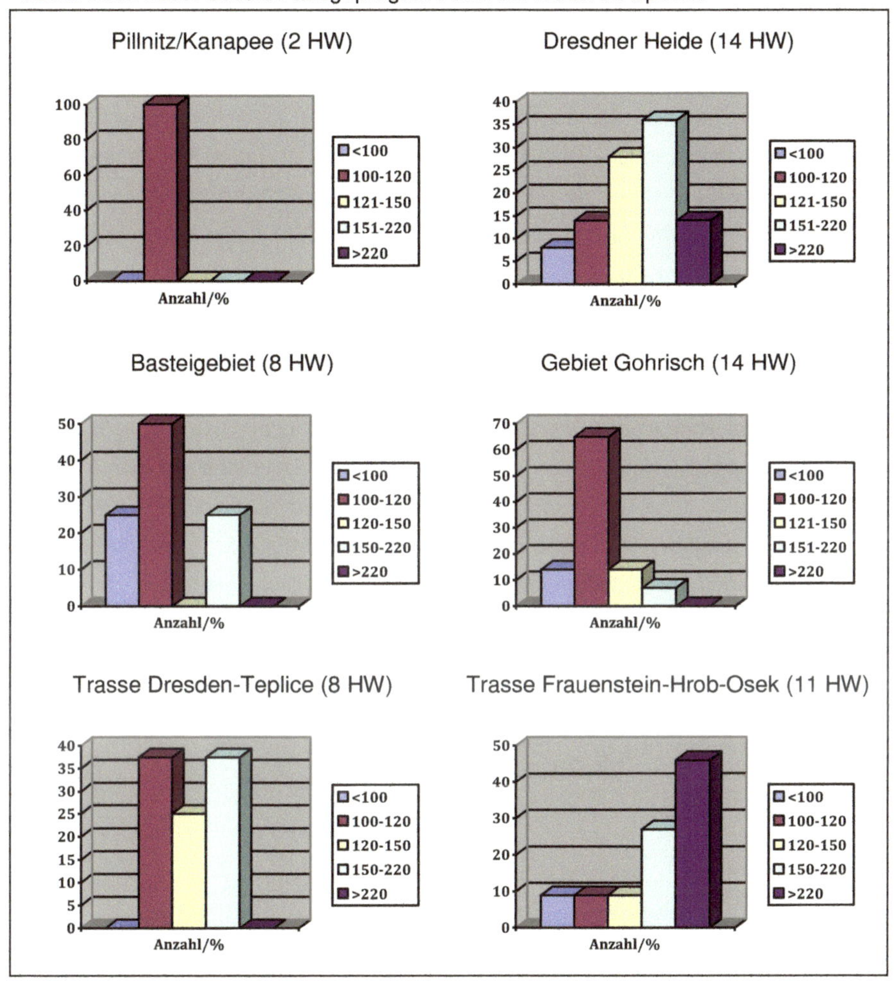

Bild 11:
Anteil unterschiedlicher Spurweiten an 57 Hohlwegabschnitten im Dresdner Raum, in der "Sächsischen Schweiz" sowie im Osterzgebirge[19]

---

[18] Jacob H.: Karten der Besiedelung zwischen Dresdener Elbtalweitung und Oberem Osterzgebirge / Mittelbronzezeit bis spätes Mittelalter. Beilagen zu AFD 24/25, 1982, Beitrag H. Jacob; Spehr R., Boswank H.: Dresden, Stadtgründung im Dunkel der Geschichte. Verlag D.J.M., 2000, ISBN 3 9803091-1-8; Werte unserer Heimat, Band 27 und Band 42: Dresdner Heide-Pillnitz-Radeberger Land bzw. Dresden. Akademie-Verlag Berlin, 1976 bzw. 1984; Nebelsick D., Schöne S.: Eine Wanderung durch das vorgeschichtliche Pillnitz. In: ARCHAEO 3/2006, S.48-55; Hofmann B.: Prähistorische Wehranlagen an der Lausitzer Überschiebung oberhalb von Pillnitz. In: Mitteilungsheft 6 des Arbeitskreises Sächsische Schweiz im Landesverein Sächsischer Heimatschutz e.V., Pirna 2008, S. 80-85

zuzuordnen. Allerdings ist auch eine frühere Nutzung als Saumpfad in der Spätbronzezeit, der schmalere Hohlwege hinterlässt, nicht auszuschließen.

In der Dresdner Heide (in **Bild 11** oben rechts) wurden 14 Hohlwegabschnitte untersucht und ausgewertet. Hier treten Hohlwege vom Saumpfad bis zu neuzeitlichen Wegen auf, wobei eine Häufung der Norm-Spurweite S=137cm und besonders ein Spurweitenbereich von S=(150-220)cm zu beobachten ist, die einem Zeitraum von etwa (1200-1600) n. Chr. bzw. der anschließenden frühen Neuzeit zugeordnet werden können. In der frühen Neuzeit (ca.1600-1800 n. Chr.) treten schon Fahrzeuge mit unterschiedlichen Spurweiten sogar an ein- und demselben Fahrzeug auf, so dass meist keine Geleise bildenden Spurrillen mehr nachweisbar sind. Ein Beispiel ist ein sächsischer Reisewagen aus der ersten Hälfte des 18. Jahrhunderts (**Bild 13**), der an der Vorderachse eine Spurweite von S=137cm, an der Hinterachse aber von S=146 cm bei Radreifenbreiten von 6cm aufweist[20]. Dieses Spurweiten-Spektrum deckt sich etwa mit historischen und archäologischen Erkenntnissen, die auf eine verstärkte Nutzung der Dresdner Heide als Verkehrsraum ab etwa 1200 n. Chr. sowie zu Jagdzwecken (z.B. Bischofswege, Saugartenwege) hindeuten. Allerdings scheint sich auch die Nutzung der Dresdner Heide als Siedlungsraum in der späten Bronzezeit im Spurweiten-Spektrum niederzuschlagen, und zwar sowohl durch Saumpfade als auch durch die Norm-Spurweite S=107cm (Karrenverkehr)[21].

Spurweiten-bereich ca. cm		Zugehörige „Normspurweite" ca. cm	Zu vermutende Traktionsart und -periode
<100		-	Saumpfad (bis ca. 1200)
100-120		107	Einachsiger Karren (ca. 900-1200)
120-150		137	Zweiachsiger Wagen (ab etwa 1200)
150-220		Kaum noch Geleise	Frühe Neuzeit (ab etwa 1600)
>220		Kein Geleise mehr	Neuzeit (ab etwa 1750, Poststraßen)

Bild 12:
Zuordnung von Spurweitenbereichen und Normspurweiten

---

[19] Messung und Auswertung: Verfasser; HW = untersuchte Hohlwegabschnitte, teilweise ein- und desselben Hohlweges; Stand 2010
[20] Messungen des Verfassers
[21] Both Sigrid, Hardtke H.-J., Pfannkuchen R., Wächter Anne u.a.: Dresdner Heide - Geschichte, Natur, Kultur. Hrsg.: LVSHS e.V.; Berg- und Naturverlag Rölke, Dresden 2006. 320 S., € 39,90. ISBN 3-934514-18-9

In den für die Erforschung der Altstraßen der Sächsische Schweiz hier ausgewählten rechts- und linkselbischen Gebieten um die bekannte "Bastei" und die Gemeinde Gohrisch dominiert im Spurweiten-Spektrum die Normspurweite S=107cm (**Bild 11** Mitte), die auf einen dominanten Verkehr mit einachsigen Karren hindeutet. Vor allem im Basteigebiet sind auch Saumpfade relativ häufig nachweisbar. Dagegen tritt die Normspurweite S=137cm, die auf zweiachsigen Wagenverkehr im Zeitraum von ca.1200-1600 n. Chr. und später hinweist, kaum in Erscheinung. Hier zeigt sich die grundsätzlich recht schwierige Verkehrssituation in der Sächsischen Schweiz, die

Bild 13:
Reisegepäckwagen 1. Hälfte 18. Jh.
(Museum Schloss Moritzburg bei Dresden, Vorhalle, um 2010)

besonders im Basteigebiet durch eine starke Zerklüftung des Verkehrsraumes gekennzeichnet und für die relative Verkehrsferne seit der frühen Neuzeit verantwortlich ist.

Deutlich anders zeigt sich das Spurweiten-Spektrum im Osterzgebirge, zumindest an den ausgewählten Altstraßentrassen Dresden-Teplice (ČR) und Frauenstein-Hrob (ČR)-Osek (ČR), siehe **Bild 11** unten. Auf der Trasse Dresden-Teplice (ČR) reicht das Spurweiten-Spektrum und damit der Nutzungszeitraum vom Hohen Mittelalter (ca. 900-1200 n. Chr., S=107cm, einachsiger Karrenbetrieb) über das Spätmittelalter (ca. 1200-1600 n. Chr., S=137cm, zweiachsiger Wagenbetrieb) bis in die frühe Neuzeit, während der Verkehr in der Neuzeit auf dieser Altstraßentrasse praktisch zum Erliegen gekommen ist. Natürlich fließt auch heute noch intensiver Verkehr zwischen Dresden und dem böhmischen Becken um Teplice, allerdings auf anderen Trassen (B170, BAB 17).

Die Altstraßentrasse Frauenstein-Hrob (ČR)-Osek (ČR) zeigt im Gegensatz zur Trasse Dresden-Teplice (ČR) ein deutlich anderes Spurweiten-Spektrum, obwohl beide den Kammbereich des Osterzgebirges queren, allerdings über unterschiedliche Pässe[22]. Die Trasse über Frauenstein verband mit einiger Wahrscheinlichkeit seit dem 10.Jh. n. Chr. die damals bedeutenden Machtzentren Meißen und Prag, und zwar im heutigen Sachsen über Grillenburg im Tharandter Wald. Folgerichtig ist auf dieser Trasse auch das gesamte Spurweiten-Spektrum der Hohlwege vom Saumpfad über den einachsigen Karrenbetrieb, den zweiachsigen Wagenbetrieb bis hin zu den Poststraßen der Neuzeit anzutreffen. Letztere sind sogar deutlich zunehmend vertreten, was auf einen Mangel an Alternativrouten auf dieser Trasse zumindest bis ins 19. Jh. hinein hindeutet.

Generell ist zu beobachten, dass die schmaleren Hohlwegabschnitte von den breiteren und meist tieferen Hohlwegabschnitten, soweit vorhanden, oft überformt und/oder geschnitten, d.h. meist gänzlich ignoriert worden sind. Umgekehrt gilt das in der Regel nicht. Trotzdem sind einige der schmaleren Hohlwegabschnitte bis auf unsere Tage erhalten geblieben, wenn auch lediglich in Teilstücken und in Waldrevieren, in denen sich über Jahrhunderte ein weitgehend ungestörtes Bodenrelief erhalten hat. Nur dadurch wird eine relative zeitliche Einordnung der beiden Hohlwegtypen möglich: Schmalere und weniger tiefe Hohlwegabschnitte gehören mit großer Wahrscheinlichkeit zu älteren, breitere und tiefere Hohlwegabschnitte zu jüngeren Altstraßentrassen. Hieraus lässt sich weiter folgern, dass in Verkehrskorridoren, wo nur schmalere Hohlwegabschnitte vorhanden sind, der Verkehr später über Jahrhunderte an Bedeutung verloren hat oder andere Trassen aufgesucht wurden. Dies trifft z.B. auf die Trassenabschnitte Falkenhain-Waldidylle-Altenberg der Altstraßentrasse Dresden-Teplice (ČR) im Osterzgebirge oder in Dresden-Pillnitz zu.

---

[22] Hofmann B.: Altstraßen von Dresden ins böhmische Becken - Über Untersuchungen zu Altstraßen von Dresden nach dem böhmischen Becken bei Teplice zwischen Roter Weißeritz und Müglitz. In: Sächs. Heimatblätter, 54. Jg. H.1/2008, S. 15-30; Hofmann B.: Altstraßen von Frauenstein ins böhmische Becken - Über Untersuchungen zu mittelalterlichen Verkehrsverbindungen zwischen Frauenstein und der Gegend um Hrob und Osek aus verkehrstopographischer Sicht. In: Sächs. Heimatblätter, 55. Jg. H.1/2009, S. 36-46. Verlag Klaus Gumnior, Chemnitz.

Hinweis:

Für das jeweilige Untersuchungsgebiet wurden ein typisches Altstraßen-Spektrum und das daraus im Zuge der Geländeuntersuchungen und deren Auswertung resultierende Spurweiten-Spektrum angestrebt. Allerdings sind charakteristische Altstraßenrelikte im Laufe der Jahrhunderte infolge von Überformungen und Auslöschung von Hohlwegabschnitten durch natürliche Ereignisse wie Bergrutsche oder Überschwemmungen sowie durch siedlungs-, land-, forst- und verkehrswirtschaftliche Maßnahmen unkenntlich geworden oder verschwunden oder aber möglicherweise noch nicht erkannt worden. Deshalb können sich durch künftige Forschungsarbeiten neue Erkenntnisse ergeben, die zu Korrekturen der hier dargelegten Spurweiten-Spektren sowie der daraus abgeleiteten Nutzungsarten und -zeiträume der Altstraßen führen können.

7. Resümee

Die Ergebnisse der Geländeuntersuchungen in den hier thematisierten Gebieten des Freistaates Sachsen sind verblüffend: Die charakteristischen Abmessungen der an unterschiedlichen Orten in der Umgebung des Dresdener Raumes und im Osterzgebirge untersuchten Altstraßenabschnitte sind nahezu unabhängig von geographischer Höhe und Lage sowie Bodenuntergrund, obwohl die untersuchten Trassen im Osterzgebirge vorwiegend in grusig-steinig-humosem Untergrund verlaufen, während sie in der Umgebung des Dresdener Elbtals in sandig-humose Böden eingetieft sind. Nur in der Sächsischen Schweiz weist das Spurweiten-Spektrum auf Grund der anderen Geländemorphologie eine von den übrigen untersuchten Gebieten deutlich abweichende Struktur auf. Die generell vorhandenen Unterschiede sind jedoch vor allem auf die unterschiedlichen "Verkehrsspannungen"[23] zurückzuführen, die zwischen den Ausgangs- und Endpunkten der Gebiete herrschten, die durch die untersuchten Verkehrstrassen verbunden wurden.

Bei diesen Geländebefunden drängt sich die Frage auf, welches Ereignis die offensichtliche Aufgabe der älteren Trassen bzw. deren Ablösung veranlasst haben mag, was auf jeden Fall einen dramatischen Einschnitt im Verkehrswesen bedeutet haben

---

[23] Aurig, R.: Gebirgsüberschreitende mittelalterliche und neuzeitliche Verkehrsverbindungen im Bereich der Flüsse Elbe und Neiße und ihre Stellung bei der Ausformung der Kulturlandschaft. In: Sachsen - Böhmen - Schlesien. Forschungsbeiträge zu einer sensiblen Grenzregion / Hrsg. v. Manfred Jahn. Dresden 1994, 6-25.

muss. Dieses drastische Ereignis könnte der Übergang vom langsamen einachsigen Maultier- oder Ochsenkarren zum schnelleren und größeren zweiachsigen und damit tragfähigeren Pferdewagen, der „caretta longa" gewesen sein, der in Deutschland ins beginnende 11. Jh. datiert wird, im untersuchten Gebiet des Freistaates Sachsen aber erst später, etwa im 13. Jh. anzusetzen ist: Das Pferd begann infolge der Vorteile des vermutlich aus Osteuropa übernommenen Kummets das Maultier bzw. Rind als Zugtier zu ersetzen. Die Vorteile des Pferdes bestehen im Vergleich zum Zugochsen vor allem in seiner größeren Beweglichkeit und Geschwindigkeit. Dies führte zu einer sprunghaften Steigerung der Transport-Leistungen im Verkehr, was eine Voraussetzung für die Ausweitung der Siedlungen, die Gründung von Städten und für den rapiden Anstieg der Bevölkerungszahlen in Europa in den folgenden beiden Jahrhunderten war. So soll sich insbesondere durch Besiedelung der meißnisch-böhmischen Grenzwälder und den aufblühenden Bergbau allein die Bevölkerung Sachsens zwischen 1100 und 1300 verzehnfacht haben[24]. Mit dem Übergang vom Ochsenkarren zum Pferdewagen war mit großer Wahrscheinlichkeit auch eine Vergrößerung der Spurweite der Fuhrwerke verbunden. Dadurch wäre die Verbreiterung und Vertiefung der jüngeren Hohlwegprofile plausibel zu erklären. Für ein Vorhandensein von Verkehrswegen bereits vor den gesellschaftlichen Umwälzungen des 12.Jh. und deren mögliche, aber nicht zwingende Verlegung in dieser Zeit spricht auch die Urkunde "in favorem principum" vom Mai 1232 des Kaisers Friedrich II. Dort wird in Artikel 4 festgelegt: *"Die alten Straßen sollen nicht verlegt werden, es sei denn mit Zustimmung der Benutzer"*[25].

Bildnachweis:

Bild 1: Andreska, Jiři: Šumavské solné stezky,1994, ISBN 80-85285-55-X; **Bild 2**: http://digi.ub.uni-heidelberg.de/diglit/schramm1920ga, Abb. 174; **Bild 3**: Fahrt der Hl. Elisabeth von Ungarn zur Wartburg. Darstellung auf einem Tafelbild am Lettner des Heilig-Geist-Hospitals zu Lübeck (um 1430), vgl. Bauer H.: Wenn einer eine Reise tat. Verlag Köhler & Amelang, Leipzig 1973 (2. Aufl.), Abb.6, S.31; **Bilder 4 bis 13** (Fotos und Graphiken): Bernd Hofmann; **Tafel 1 sowie Tabellen Seiten 8 und 13**: Bernd Hofmann

---

[24] Fuhrmann H.: Einladung ins Mittelalter. Verlag C. H. Beck oHG, München 1987, 3. Aufl. 2004. ISBN 3406421571

[25] *"Item strate antique non declinentur nisi de transeuncium voluntate"*, nach Funk W.: Feuchtwangen - Werden und Wachsen einer fränkischen Stadt. Internet-Mitteilung, erstellt am 25.3.1999 durch Hans Ebert

BEI GRIN MACHT SICH IHR WISSEN BEZAHLT

- Wir veröffentlichen Ihre Hausarbeit,
  Bachelor- und Masterarbeit

- Ihr eigenes eBook und Buch -
  weltweit in allen wichtigen Shops

- Verdienen Sie an jedem Verkauf

Jetzt bei www.GRIN.com hochladen
und kostenlos publizieren